La vie rêvée des morpions

Remerciements

Tous mes remerciements à Philippe Dubois,
Michel Larrieu, Chloé Cosnefroy
et Ombeline Canaud.

Correction : Sandrine Harbonnier
Conception graphique et mise en pages : Hokus Pokus Créations

Marc Giraud
Roland Garrigue

La vie rêvée des morpions

et autres histoires de parasites

L'humour est dans le pré

delachaux et niestlé

Ça grouille

de partout

L'animal le plus long du monde n'est pas la baleine, c'est son ver solitaire. Que ça nous amuse ou non, nous sommes tous concernés par les parasites : ils représentent plus de la moitié des espèces d'après certains chercheurs, quatre fois plus selon d'autres. Le reste des êtres vivants, ce sont les plantes ou les animaux parasités. Tous sont touchés, y compris les parasites eux-mêmes, qui peuvent se faire infester par d'autres ! Et qui détient le record de parasitages ? Nous autres, pauvres humains, grands voyageurs et transporteurs de vermines. Nous sommes aussi les êtres vivants les plus étudiés par nous-mêmes, d'où sans doute la richesse des parasites répertoriés.

Frimez en société

« Camarades morpions, adhérez aux parties ! »

Coluche

Planète
pique-assiettes

Qu'est-ce qu'un parasite ?

C'est un être vivant qui profite d'un autre sans rien lui apporter en échange. Il prend celui-ci comme habitat ou comme source de nourriture avec un indéniable sans-gêne, tout en l'épargnant le plus longtemps possible afin d'en tirer un maximum. Sa victime s'appelle un hôte. Les parasites sont de fantastiques manipulateurs : ils sont capables de se déguiser en espèce différente pour mieux tromper leur hôte, ils peuvent le réduire en esclavage, le castrer ou le faire changer de sexe, prendre la place d'un de ses organes, le pousser au suicide en le jetant dans la gueule du loup ou de l'agneau. Il peut au contraire se rendre en partie utile à son hôte, ce qui rend certaines relations difficiles à définir.

Frimez en société

« Toute baleine a son pou. »

Goethe, attaqué par un importun

Espèce de
microbe !

Les parasites microscopiques ne sont parfois ni vraiment des animaux ni vraiment des plantes. Les plus inclassables sont les virus, particules à la frontière du vivant et du non-vivant. Ils ne respirent pas, ne se nourrissent pas, et ne sauraient se répliquer qu'en parasitant un hôte. Cent fois plus grande, une bactérie mesure environ un millième de millimètre. Elle est composée d'une seule cellule sans noyau. Certaines bactéries sont néfastes, d'autres nécessaires, comme celles de nos intestins. Enfin, « microbe » désigne les unicellulaires microscopiques mais aussi de manière désobligeante des êtres insignifiants. Tous ces microorganismes sont pourtant indispensables à la vie sur Terre. Sans les microbes, nous ne sommes rien.

C'est fou !

Des oiseaux du littoral se nourrissent – entre autres – de microbes. Pour y parvenir, ils aspirent et filtrent la pellicule vivante de la surface de la vase avec des mouvements ultra-rapides du bec.

Le fabuleux destin des parasites

De nombreux parasites suivent des cycles de vie incroyables : ils changent de victime plusieurs fois au cours de leur existence. Par exemple, un parasite peut passer d'un oiseau à un escargot puis à un poisson, et il doit nécessairement visiter chacun de ces hôtes pour pouvoir poursuivre un cycle complet jusqu'à la reproduction. Comment l'évolution a-t-elle rendu un tel phénomène possible ? Les évolutionnistes comparent des vies parasitaires allant des plus simples jusqu'aux plus compliquées pour expliquer l'apparition progressive de ces cycles étonnants, presque absurdes.

Ô ver,
quels ovaires !

Comme il est hasardeux de rencontrer la bonne victime, les parasites subissent des pertes énormes. Pour compenser l'hécatombe, beaucoup sont incroyablement prolifiques : parmi les milliers de larves produites, il s'en trouvera forcément assez à pouvoir vivre jusqu'à la reproduction, et ainsi perpétuer l'espèce.

Une femelle d'ascaris (un ver intestinal) peut pondre 200 000 œufs par jour, soit quelque 64 millions au cours de son existence adulte. Du coup, les ovaires de certains parasites sont parfois si développés que le corps n'apparaît plus que comme un détail supplémentaire.

La différence entre les sexes est si démesurée que chez certaines espèces, le mâle vit à l'intérieur de la femelle. D'autres fois, c'est le contraire…

C'est fou !

Chez certains parasites, le mâle et la femelle se développent sur la même espèce, mais le mâle reste à l'extérieur, alors que la femelle pénètre dans l'hôte.

Vers solidaires

Parfois, c'est l'hôte qui se comporte comme l'exploiteur de ses habitants internes. Ainsi, les bactéries de certains de nos organes travaillent quotidiennement à notre service, et représentent des alliées. Avec 1,5 kg de flore intestinale, nous possédons plus de cellules microbiennes alliées que de cellules personnelles ! De même, des milliers d'acariens nettoient en permanence les pores de notre peau. Cette belle coopération n'est en fait que la conjonction de deux intérêts égoïstes, mais harmonieusement associés, à bénéfices réciproques. Des organismes considérés comme parasitaires se révèlent parfois plus bienfaisants que prévu. La différence entre parasitisme et entraide peut alors se révéler difficile à déterminer.

Frimez en société

Les paroles très crues de la chanson paillarde *De profondis morpionibus* ont été écrites par le poète romantique Théophile Gautier. Mais Théophile désirait entrer à l'Académie française, et cachait soigneusement son rôle d'auteur pour ne pas être grillé d'office.

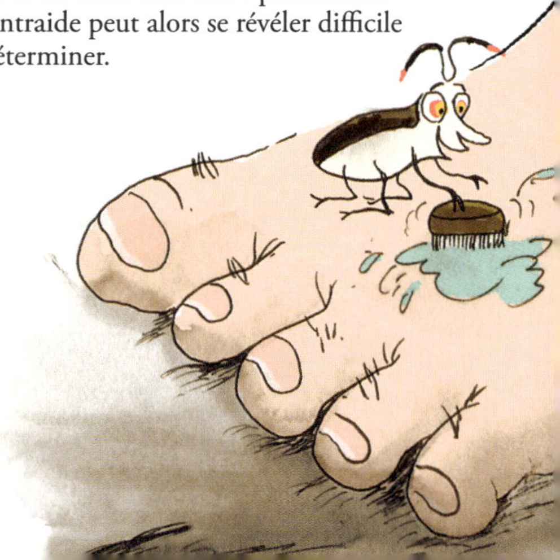

À quoi ça sert, un moustique ?

La place des parasites dans leurs écosystèmes est certainement comparable à celle des prédateurs : ils éliminent les espèces en surnombre, et évitent les pullulations. L'espèce humaine a donc du souci à se faire. Les moustiques et les mouches, qui véhiculent des parasites mortels, sont pour l'humanité les animaux les plus dangereux du monde. Mais les larves de mouches nous débarrassent des déchets et jouent un rôle sanitaire indispensable. Celles des moustiques filtrent chacune 2 litres d'eau par jour et font office de bioépurateurs. Toutes ces bestioles servent de nourriture aux insectivores, y compris les poissons qui eux-mêmes nous nourrissent. Ce qui peut mériter un petit don du sang : pas de piqûre, pas de friture !

Nous avons tous en nous...

Les virus partagent leur matériel génétique avec leur hôte, qui peut s'en trouver transformé. Ils apportent de la diversité et jouent un rôle important dans l'évolution des espèces. Notre propre identité a intégré cet héritage : 8 % du matériel génétique humain est d'origine virale ! Il s'agit de vestiges d'infections subies par nos ancêtres. La plupart de ces vestiges sont inactifs, mais certains se rendraient utiles, en particulier deux gènes indispensables à la formation de notre placenta, cet organe fabriqué par l'embryon. Avant même notre naissance, nous avons tous en nous quelque chose des virus !

Frimez en société

« Tous les êtres circulent les uns dans les autres. Tout animal est plus ou moins homme. »

Diderot, *Le Rêve de d'Alembert*

GRAT GRAT !!!

Les totos du dodo

Une étude menée en Nouvelle-Calédonie montre que la disparition d'une seule espèce de poisson corallien peut entraîner celle de 10 espèces de parasites. Lorsqu'un animal s'éteint, on parle peu de l'intéressante vermine qui s'évanouit avec lui. Or, les parasites jouent un grand rôle, souvent positif, dans la biodiversité. Que sait-on des squatters du dodo, oiseau symbole des animaux disparus ? Et de ceux des dinosaures, dont beaucoup portaient des plumes ? Trouvées en Mongolie, des puces de grande taille datées de 165 millions d'années, donc du Jurassique, ont certainement provoqué des démangeaisons géantes chez ces énormes bêtes. Elles ont disparu avec leurs victimes. Et c'est irrémédiable. Snif.

L'histoire est aussi la

des parasites nôtre

Adam et Ève
avaient-ils des vers ?

Les religieux d'antan se posaient de lourdes questions théologiques, du genre « Adam et Ève avaient-ils un nombril ? ». Logique, puisque les deux premiers humains décrits dans la Bible n'avaient pas pu être reliés par un cordon ombilical avec une mère : le concept n'avait pas encore été inventé. Les mêmes théologiens se grattaient consciencieusement la tête pour expliquer également la provenance de nos parasites. Beaucoup se disaient que si les vers intestinaux sont héréditaires, ils étaient déjà présents aux origines de l'humanité. La vermine serait donc apparue dans les entrailles adamiques, spontanément, par « l'opération du Saint-Esprit ». Et Ève ? La pauvre aurait été contaminée par la côte de son collègue, dont elle était issue. Et pourquoi Dieu, dans son infinie bonté, aurait-il affublé ses créatures d'immondes bestioles internes ? Avec leur logique imparable, les religieux en avaient trouvé la cause : la punition des péchés de ces garnements qu'étaient Adam et Ève.

Ça se grattait dans les grottes

Retour à la science : avant de s'attacher aux humains, la plupart des bestioles qui nous démangent aujourd'hui fréquentaient les cavernes, les litières ou encore d'autres animaux. Par exemple, les ancêtres de nos punaises des lits infestaient les chauves-souris, qui croisaient nos aïeux dans des grottes. Nos puces ont peut-être une origine américaine, et d'animal en animal, seraient arrivées aux renards, aux blaireaux puis aux hommes, qui ont tous trouvé refuge dans des cavernes pendant une glaciation. Nous abritons donc des puces de blaireau. Accrochés à nos basques, nos parasites nous ont suivis lors de nos conquêtes des continents. Au passage, les humains ont également refilé leur vermine à différents animaux, y a pas de raison.

Les parasites nous ont mis à poil

De nombreux scientifiques pensent que la sexualité existe en grande partie parce que le fait d'engendrer des enfants différents de soi, donc de générer une diversité, aide à déjouer les assauts des parasites. Au cours de l'évolution, la sélection naturelle a sans doute conduit les humains à perdre leur fourrure à cause des squatters de leur poil. La sélection sexuelle aurait aussi joué un rôle : la peau nue, qui montre mieux l'état de santé du partenaire et qui prouve qu'il n'est pas infecté, aurait été plus séduisante. Les moins velus se seraient donc plus reproduits et auraient transmis leurs gènes. Il ne nous reste plus que des cheveux pare-soleil et anti-pluie, des sourcils gouttières à sueur, et des poils du pubis et des aisselles, diffuseurs de parfums à caractère sexuel.

Pou
d'où ?

Voici 40 000 à 70 000 ans, le pou de nos ancêtres s'est séparé en 2 formes distinctes, qui ont donné le pou de la tête (*Pediculus humanus capitis*) et celui du corps (*P. humanus humanus*), désormais réfugié dans les habits : cela date probablement l'usage régulier des vêtements, car nos aïeux ont alors migré d'Afrique vers des pays plus froids. Au cours de l'évolution, nos poux se sont tellement spécialisés dans l'être humain que s'ils se nourrissent du sang d'un autre mammifère, ils en meurent le ventre plein. Bien qu'on les appelle « poux du pubis », les morpions, ou morbacs, ou totos, ou encore papillons d'amour, sont d'une espèce différente, *Phtirus pubis* ou *Phtirus inguinalis* pour les intimes. Et pour les parties intimes.

C'est pou !

Nos poux ont évolué en même temps que nous : en Afrique, leurs griffes sont adaptées au cheveu crépu des habitants, en Europe au cheveu plus raide. Ils sont clairs sur une peau claire, sombres sur une peau sombre. Et quand les humains se croisent, leurs parasites peuvent s'hybrider aussi. C'est le melting pou !

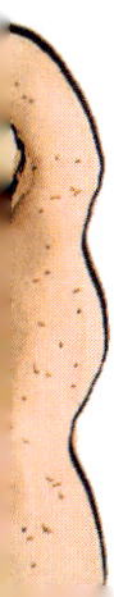

Les gorilles nous ont filé les morpions

Seules 2 espèces animales peuvent se vanter d'avoir des morpions : le gorille et l'humain. Il y a 3 millions d'années, les morbacs de l'un et de l'autre se sont séparés en 2 espèces distinctes. Le hic, c'est que les ancêtres de l'homme et du gorille s'étaient différenciés bien avant ! Cela implique que pendant des millénaires, les 2 primates sont restés intimes. Nos aïeux respectifs ont donc échangé les mêmes parasites pendant cette longue période, probablement en dormant sur les mêmes litières. Ensuite, les morpions des uns et des autres ont évolué séparément et appartiennent désormais à 2 espèces différentes : *Phtirus pubis* et *Phtirus gorillae*. Chacun sa merde.

Ils ont changé l'histoire

Les effroyables épidémies de la peste transmise par les puces du rat auraient tué 200 millions d'humains depuis l'Antiquité. Apporté par le pou du corps, le typhus exanthématique amené dans le Nouveau Monde par les conquistadors, ainsi que divers virus, ont largement contribué à l'anéantissement des Amérindiens. Infestée d'une « Grande Armée » de poux, celle de Napoléon Bonaparte dut en grande partie la défaite de la campagne de Russie au thypus, responsable du décès des deux tiers des soldats. En 1918-19, la grippe espagnole fit pire que la guerre de 1914 avec plus de 30 millions de morts. Inoculé par les moustiques, le paludisme, ou malaria, enlève toujours environ 1 million de vies chaque année dans le monde.

C'est fou !

Dans certaines régions, on déposait les vêtements infestés de poux sur des fourmilières. Les habitantes se chargeaient d'éliminer la vermine. Pendant la guerre de 14-18, les soldats russes auraient ainsi utilisé les fourmis.

Les Papous s'épouillent

Les pharaons étaient envahis de poux et de morpions : on en a retrouvé des restes sur leurs momies. Contre l'infestation, les prêtres de l'ancienne Égypte se rasaient entièrement le corps et la tête tous les 3 jours. Outre-Atlantique, les momies amérindiennes contiennent aussi des poux. Même les excréments humains locaux en recelaient : à l'époque, on mangeait ses parasites. Des Papous aux Européens en passant par les Asiatiques, on s'épouille. Dans un couple, c'est parfois un rituel de préliminaire à l'amour. Privés de leurs poux à cause de l'américanisation, certains Inuits se sont saupoudré la tête de sucre pour retrouver le plaisir de la recherche caressante ! Il a aussi existé des épouilleuses professionnelles, voire des singes dressés à cette fonction.

C'est épouvantable !

Jadis, pour fabriquer des vaccins contre le typhus, on devait procéder à un lavement rectal de poux élevés sur sujets humains. On disposait d'instruments ultra-précis afin de les maintenir (les poux) et de prélever leurs cultures intestinales sans les faire éclater. Un bon pro pouvait administrer 1 000 lavements par jour.

C'est ripou !

On a compté 20 000 poux de tête et de corps sur un seul homme en Russie. Miam !

Quand le pou pond

L'un des inventeurs du microscope, Leeuwenhoek, nota – sur sa propre jambe – qu'une femelle pondait une cinquantaine d'œufs en 10 jours. La réalité est pire. Douze jours après sa naissance, chaque femelle pond quotidiennement une dizaine d'œufs, soit 300 à 400 futures larves dans sa vie. Celles-ci éclosent 6 à 8 jours après la ponte. Elles sont semblables aux adultes, sauf qu'elles n'ont pas de sexe. Mais 12 jours plus tard, elles en auront un et sauront s'en servir. Plus on est de poux et plus on rit : les parasites vont pulluler, et leur intense activité sexuelle leur donnera faim. La quantité de sang prélevée par chacun équivaut, pour un humain de 70 kilos, à un repas quotidien de 45 kilos !

Frimez au karaoké

« Élisa, Élisa
Élisa saute-moi au cou
Élisa, Élisa
Élisa cherche-moi des poux,
Enfonce bien tes ongles,
Et tes doigts délicats
Dans la jungle
De mes cheveux Lisa »

Serge Gainsbourg, « Élisa »

Sexualité des époux poux

Le pou mâle porte 4 volumineux testicules. À notre échelle, ses attributs pèseraient 5 kilos, soit deux fois la masse de notre foie. Quant à son pénis, il aurait la longueur d'une cuisse! La bête passe 1/30e de sa vie à copuler. On a observé un pou s'accouplant avec 18 femelles à la suite sans s'arrêter, et dans toutes les positions. Leurs performances sont certainement plus impressionnantes, car il n'y a pas toujours un chercheur pour mater ces honorables bêtes et compter leurs saillies. Le mâle s'accroche à sa partenaire avec les griffes de ses pattes avant, qui lui servent de menottes pendant l'amour. C'est chaud!

Selfie !

Dès qu'il y a contact entre deux chevelures, les poux passent facilement de l'une à l'autre. La mode des selfies, qui nécessite le rapprochement des souriants participants, favorise l'extension des poux.

Le morpion

Les morpions se transmettent presque uniquement au cours des relations sexuelles. Ils peuvent néanmoins survivre jusqu'à 24 heures en dehors de la fourrure humaine, donc se retrouver dans des vêtements ou des WC publics. Mais le risque tient de la psychose. Les morpions ne survivent normalement pas dans les cheveux ou dans la barbe, mais ils peuvent prospérer sous les aisselles, et sur les cils de personnes ayant pratiqué un cunnilingus avec une femme infestée. Ils se propagent également au cours de l'accouchement : le nouveau-né peut hériter les morpions de sa mère dans les cils ou les cheveux. Autrefois au Japon, des futures mamans se brûlaient les poils pubiens pour éviter de contaminer leur bébé.

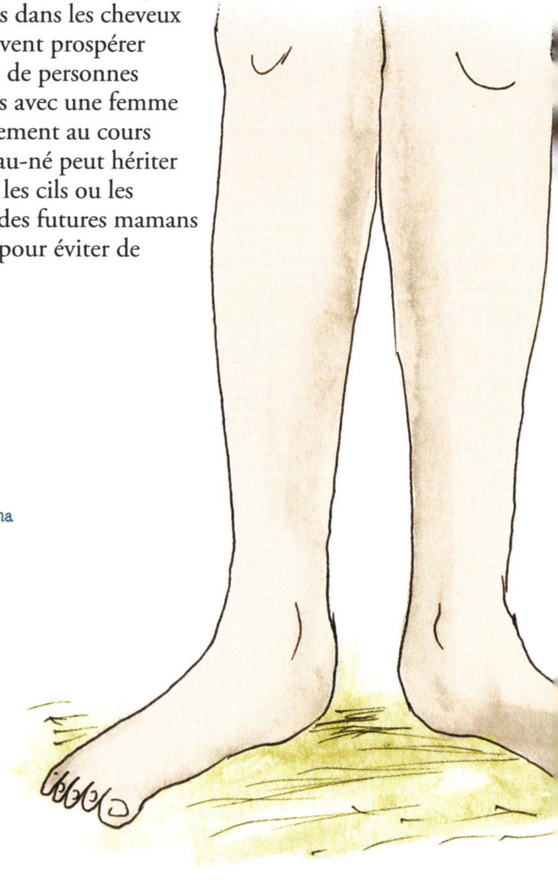

Frimez en société

« Ce qui rend les femmes vulnérables, c'est le sexe, ce grand orifice où même les insectes peuvent ramper. »

Madonna

avait des
morpions

La vie rêvée des morbacs

Dans ce milieu foisonnant qu'est le pubis humain, la vie d'un suceur de sang est assez simple. Pour boire un coup, le morpion enfonce son rostre et une partie de sa tête dans la peau de sa victime, tout en se tenant à la base d'un poil avec les pattes arrière. Il passe ainsi une grande partie de sa vie. Au cours d'un rapport amoureux de son hôte, c'est connu, le morpion peut changer de sexe. C'est sa manière de conquérir un nouveau territoire. Après ses rapports sexuels à elle, Madame Morbac pond tous les jours plusieurs dizaines d'œufs collants : les lentes. Une fois écloses, les larves se nourriront du sang de l'hôte, dans la chaleureuse sécurité de son intimité. Est-ce le rêve ? À vous de voir.

Frimez au karaoké

« Je sors de prison, disait-il content
J'ai des petites bêtes plein mon culbutant
Y a dix ans que je rêve
De les refiler un jour
Mes jolis petits papillons d'amour
À la femme du juge
Qui m'a condamné. »

Pierre Perret,
« Des poux et des sous »

L'épilation, une bonne solution ?

C'est fou !

Entreprise d'État, la Française des Jeux a lancé en 1994 un jeu de hasard appelé Morpion, basé sur le grattage. L'expression a été reprise dans les cités : par extension, une fille infestée de morpions y est baptisée « française des jeux ».

La cause principale de la disparition des espèces animales est la destruction de leur habitat : zones humides, forêts, etc. En 2013, une étude montrait que la mode de l'épilation partielle ou totale de la région pubienne avait entraîné la quasi-éradication des morpions. Ainsi, 80 % des étudiants américains se rasent le pubis. Cependant, les poils ont leur utilité. Remparts naturels contre les bactéries, ils protègent également contre les écorchures dues aux frottements. Cerise sur le grattoir : l'épilation provoque des irritations et peut amener des herpès, des staphylocoques et autres réjouissances pas très poilantes. Morpions ou épilation ? Là est la question…

Faut pas pucer !

Il a longtemps existé des dresseurs de puces, qui exhibaient leurs « actrices » dans des mini-cirques, les habillaient ou leur faisaient tirer des chariots. Ils les nourrissaient avec leur propre sang. Dans les années 1920, la grand-mère de la chanteuse Édith Piaf a exercé cette curieuse activité.
Désormais, la puce de l'homme *Pulex irritans* a presque disparu d'Europe, vaincue par l'hygiène, les produits chimiques et les aspirateurs. Aujourd'hui, l'Européen est plus victime des puces du chien *Ctenocephalides canis* et de celles du chat *C. felis*, qui ne sont pas regardantes et sautent d'une victime à l'autre. Quel cirque !

Frimez en société

« Rejet. Déchet. Attention bestioles, les hommes lisent sur vous des signes qu'ils y ont mis eux-mêmes ! Et leurs grands pieds vengeurs sont tout disposés à vous effacer, parce que vous signifiez pour eux, venus du fond des âges, le mystère de l'existence de l'univers et de notre propre pensée, assise sur un organisme parent du vôtre, mais qui voudrait bien ne pas l'être ! »

François Terrasson,
La Peur de la nature

Ni puceaux ni pucelles

Très prolifiques, les puces s'accouplent toute l'année, et dès la sortie du cocon. Plus petit que la femelle, le mâle est doté de 2 appendices mesurant le tiers de sa longueur. Il utilise l'un des deux pour tenir sa partenaire au-dessus de lui, et l'autre comme pénis. De plus, il possède au-dessus des yeux 2 ventouses sensorielles qui sortent pendant le coït et maintiennent la sautillante femelle. Celle-ci pondra 600 à 1 700 œufs au cours de son existence. Dix femelles donneront 250 000 larves en 30 jours. Pour tester l'efficacité des pilules contraceptives pour les femmes, on a d'ailleurs utilisé des puces femelles, car celles-ci sont très actives sexuellement.

Frimez en société

« Que ne suis-je une puce ?
La baisotant, tous les jours,
je mordrais ses beaux tétins. »

Pierre de Ronsard, 1553

Des performances olympiques

Vue de face, la puce est si aplatie qu'elle ressemble presque à une feuille. De plus, l'avant est conformé un peu comme un bateau brise-glaces, ce qui facilite sa progression entre les poils de son hôte. La puce de l'homme peut tirer 400 fois son poids, soit l'équivalent de 30 tonnes pour un humain. Elle saute 100 fois sa taille, ce qui représenterait pour nous des bonds de presque 200 m. De telles performances creusent l'appétit : l'insecte peut avaler quotidiennement 15 fois son poids en sang. Ce goinfre doit donc excréter de 10 à 20 fois en une demi-heure. Ces crottes encore pleines de sang mal digéré font la joie des larves planquées dans le plancher, qui s'en nourrissent.

32

Des puces chez les Rothschild

Appartenant à la célèbre famille de banquiers, fille d'un spécialiste des insectes, Miriam Rothschild (1908-2005) a toujours été une originale. À quatre ans, elle collectionnait les coccinelles et les chenilles et dormait avec une caille. Cette Britannique devint une autorité sur les puces mondialement reconnue, publia huit livres, des centaines de planches anatomiques, et multiplia les innovations. Afin d'en analyser les ressorts, elle fut la première à filmer le saut de l'insecte au ralenti. Elle filma aussi une puce du rat qui sauta 30 000 fois sans interruption. Elle imagina également un système de vaccination des lapins contre la myxomatose à l'aide de puces traitées. Végétarienne, refusant le maquillage, Miriam Rothschild fut encore une protectrice active de la nature en Grande-Bretagne, et la conseillère du Prince Charles pour les plantations à Highgrove House.

Frimez en société

« Puces de ma hutte
Vous faites pitié :
Vous maigrissez. »

Issa, poète japonais (1763-1828)

C'est fou !

Une plante, le pyrèthre *Chrysanthemum cinerariaefolium*, contient des substances actives contre les insectes, les pyréthrines, d'où son surnom d'« anti-punaises ». On utilise ses fleurs séchées et réduites en poudre pour éviter la nocivité des traitements chimiques.

Punaise !

Venues de l'Orient, les punaises des lits *Cimex lectularius* étaient déjà en Occident au début du christianisme. Saint Jean leur aurait ordonné de partir d'une auberge. Elles ont tourmenté Beethoven à la fin de sa vie en 1827. Puis elles ont quasi disparu des pays riches. Les déplacements humains et la résistance aux insecticides ont sonné leur retour dans les années 1990 aux États-Unis puis en Europe. De nombreux hôtels ont été infestés. Toutefois, la présence de punaises n'est pas toujours liée à un manque d'hygiène, car elles s'attaquent aussi aux literies les plus chics. Elles se cachent le jour et piquent la nuit. La morsure est indolore mais provoque des démangeaisons, voire des allergies.

Info folle

Une punaise des lits tient facilement de 6 mois à 1 an sans manger. Le jeûne record observé est de 570 jours.

L'amour à coups de sabre

C'est fou !

Chez de nombreuses punaises suceuses de sang, les mâles transpercent aveuglément le corps des congénères avec leur sexe. En réaction, les femelles ont développé un « pseudo-vagin » sur le dos, bourré de cellules immunitaires, qui dirige l'aiguillon turgescent. Pis : même les mâles ont un tel vagin dans le dos !

Les punaises des lits mâles utilisent leur pénis courbe et pointu comme un sabre : ils entaillent les femelles au hasard. En érection quasi permanente, ce canon à sperme lâche à chaque éjaculation l'équivalent de 30 litres pour un humain. Et certains mâles s'accouplent 200 fois par jour ! Quelle que soit sa zone d'atterrissage (voies respiratoires, cerveau…), la semence mâle rejoint les voies génitales de la femelle. S'il s'agit d'un autre mâle, il atteint parfois ses organes génitaux, et se voit recyclé dans son canon sexuel, puis réinjecté dans une autre punaise au cours d'un accouplement. Et si ça tombe sur une femelle, cela peut, au final, la fertiliser, et constituer des rapports homosexuels féconds. Tout ça dans nos lits…

Chasse à la chaussette

Les femelles moustiques piquent car elles ont besoin de sang pour le développement de leurs œufs. Celles qui sont parasitées nous inoculent au passage leurs microbes. Certaines perçoivent leur victime à plus de 50 m. Elles sont particulièrement sensibles aux parfums d'haleine, de sueur, de fromage et de pied. En Afrique, des chercheurs se sont aperçus que leurs chaussettes sales attiraient ces insectes, et ont ainsi fabriqué des pièges anti-paludéens bon marché. Fait extraordinaire : les parasites manipulent les moustiques en les dirigeant vers la bonne cible. Une personne contaminée, et contenant des parasites au bon stade de leur développement, est plus attractive, et sera plus piquée ! Le taxi aérien est assuré.

Attaque
de Peaux-Rouges

D'où vient le terme de Peaux-Rouges, qui désigne les Indiens d'Amérique ? Il est lié à des parasites planétaires : les moustiques. Contre les attaques de ces insectes, certains Amérindiens s'enduisaient la peau et les cheveux de rocou, le fruit du rocouyer. Encore appelé « arbre à rouge à lèvres », cet arbuste d'Amérique tropicale donne un fruit extrêmement colorant. Il est utilisé sous le nom E160b pour teindre la mimolette ou le poisson fumé, et il a rougi la peau des Amérindiens. Au bord du Nil, les pêcheurs de l'Égypte antique, quant à eux, se protégeaient des piqûres d'insectes en entourant leur lit avec leurs filets : ils ont inventé la moustiquaire.

Frimez en société

« Si vous avez l'impression d'être trop petit pour pouvoir changer quelque chose, eh bien, essayez donc de dormir avec un moustique, et vous verrez lequel empêchera l'autre de dormir. »

Dalaï-Lama

Ils sont piqués, ces Gaulois !

Paludisme, chikungunya, dengue, fièvre du Nil, O'nyong-nyong, etc., les maladies transmises par les moustiques sont légion. Dans la Rome antique, les oies du Capitole sont connues pour avoir donné l'alerte et évité une invasion gauloise. Moins romantique, il semble que le paludisme contracté par les Gaulois dans les marais pontins ait bien plus contribué à la victoire des Romains. Au XXe siècle, la fièvre jaune a contraint les Français à abandonner la construction du canal de Panama après avoir terrassé 22 000 terrassiers. Le paludisme a longtemps sévi en Europe jusqu'en Suède, et pourrait revenir avec le réchauffement climatique. La remontée de différents moustiques vers le nord amènerait des maladies tropicales.

La tique tacle

La tique n'est pas un insecte mais un arachnide, un acarien géant. La preuve : l'adulte a 8 pattes, et non 6 comme les insectes. Avec des variantes selon les espèces, la tique en général ne voit pas, n'entend pas, et ne perçoit pas grand chose : elle est vaguement sensible à la lumière, aux vibrations, à l'humidité, à la chaleur et surtout au gaz carbonique de la respiration des animaux et à l'odeur de leur sueur. Elle passe une partie de son temps la tête plantée dans un hôte dont elle suce le sang, sa seule nourriture, puis elle tombe au sol, digère et en cherche un autre. La femelle attire le mâle au parfum. Pour lui, l'accouplement est mortel. Fécondée, la femelle se gorge encore de sang puis elle tombe, pond des milliers d'œufs et meurt. Voilà.

C'est fou !

Une tique molle, ou *Argasidae*, peut jeûner jusqu'à 5 ans. La bête sait se rattraper : une tique testée avant et après son repas pesait 624 fois plus une fois repue ; un humain de 60 kilos passerait ainsi à 37 tonnes ! Gorgées de sang, certaines tiques tropicales atteignent la taille d'une belle cerise.

Les tiques attaquent tout !

Aucune espèce de tique n'est spécialisée dans l'être humain : nous attrapons les mêmes que nos animaux familiers. Les chats, qui fouillent volontiers la végétation, les prennent souvent autour du cou. La présence de rongeurs, tels les écureuils, contribue à la prolifération de tiques susceptibles de nous parasiter. Si l'une d'elle est contaminée et nous attaque, elle peut nous transmettre plusieurs maladies, dont l'encéphalite à tiques et la borréliose de Lyme, actuellement en pleine expansion. Or, les écureuils striés importés par la mode des NAC (Nouveaux animaux de compagnie), qui envahissent désormais nos forêts, portent en moyenne 200 tiques.

Frimez en société

De nombreuses infections parasitaires, des hantavirus aux maladies dues aux tiques, sont transmises par les rongeurs.
Le moyen de protection sanitaire le plus logique, le plus écologique et le plus économique serait d'abord de favoriser la présence des prédateurs de ces rongeurs : buses, renards, belettes, etc.

Aoûtat où t'es ?

Difficile à repérer, l'aoûtat, malgré sa couleur rouge vif. Aux mois d'août et de septembre, la larve de 0,2 mm perfore la peau de son hôte (chien, chat, cheval, vous…) avec ses crochets, puis s'en nourrit. Il la liquéfie avec les enzymes de sa salive pour la prédigérer, puis aspire le tout. Et il recommence. Petit à petit, l'acarien creuse un mini-tunnel sous la peau en la mangeant, et l'on a beau se gratter, se gratter encore, rien ne l'en déloge. Il sortira de lui-même quelques jours après son entrée. Avec des raffinements de cruauté, la larve préfère nos endroits les plus sensibles, entre autres sous les élastiques des sous-vêtements, là où il est délicat de se gratter en public.

Les acariens, c'est pas rien

Frimez en société

Dans le Deutéronome (un texte sacré), Dieu a ainsi menacé les Hébreux qui manquaient à leur devoir : « Yahweh te frappera de l'ulcère de l'Égypte, d'hémorroïdes, de pustules et de gale, dont tu ne pourras guérir ». Aïeeuuu !

Les acariens sont partout, mais ils sont presque tous microscopiques. Certains s'attaquent aux végétaux et occasionnent parfois des excroissances appelées galles, à ne pas confondre avec la gale, maladie de peau transmise par d'autres acariens à divers mammifères, dont les humains. Connu des apiculteurs, le varroa s'attaque aux abeilles. Cependant, les acariens sont surtouts célèbres en tant qu'allergènes. Les allergies ont vraisemblablement pour origine notre environnement trop aseptisé et divers polluants, qui provoquent des réactions excessives de nos défenses immunitaires désorientées. Malgré cela, certains acariens nous sont indispensables.

C'est fou !

Si Moïse et ses copains ont été chassés d'Égypte, c'est, d'après Justin (historien romain du IIe siècle après J.-C.), parce qu'ils étaient galeux et lépreux.

Quand la sangsue suce

La moitié des 650 sangsues recensées sont des suceuses de sang. Si, si. La sangsue médicinale est utilisée pour soigner les maladies veineuses, l'arthrose, l'hypertension, les cicatrices, etc. Cet annélide disparaît aujourd'hui à cause de la destruction de ses milieux naturels et des pollutions. Cette bête sans cervelle est dotée de 10 yeux médiocres, 2 cœurs rudimentaires, 2 ventouses, 3 mâchoires, 9 paires de testicules, 2 ovaires et 1 vagin, car elle est hermaphrodite. Elle peut s'accoupler plusieurs heures, ou encore supporter 1 an de jeûne, mais elle peut pomper entre 3 et 10 fois son poids. Puis elle se détache, repue, et digérera pendant 6 mois.

Frimez en société

Vers 1550, des femmes galantes qui avaient perdu leur virginité se posaient des sangsues pour leur nuit de noces. Les assauts du mari délogeaient les animaux sans qu'il le sache, provoquant les saignements attendus.

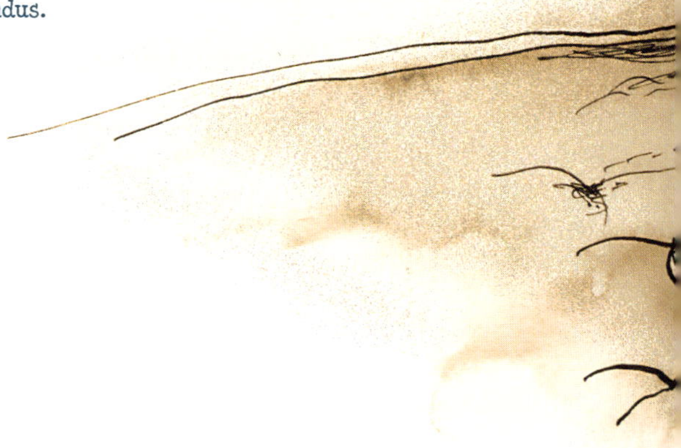

La chasse des enragés

La rage touche tous les animaux à sang chaud, mais elle est essentiellement transmise aux humains par leurs animaux familiers. Elle a longtemps sévi en Europe, et explique les quelques cas d'attaques de loup sur l'homme au Moyen Âge, car elle rend les victimes agressives, aux comportements aberrants. Si elle n'est pas soignée à temps, elle est mortelle. En France, la rage a réapparu en 1968, avec pour principal vecteur les renards. Leur massacre fut alors organisé par les chasseurs, avec un effet désastreux : au lieu de freiner l'épidémie, cette traque a dispersé les renards malades et propagé le virus. Des vaccinations orales par des appâts sont venues à bout de l'épidémie, disparue en 1999 en Suisse puis en 2001 en France.

Pas de psychose sur les zoonoses

Les zoonoses sont les maladies des animaux transmissibles à l'espèce humaine (et réciproquement). Même si certaines sont à prendre avec le plus grand sérieux, d'autres provoquent des paniques totalement irrationnelles. Certaines zoonoses entraînent des abattages à grande échelle d'animaux domestiques et même sauvages, comme les bouquetins ou les blaireaux, sans justification sanitaire avérée. Ainsi, la corporation des chasseurs entend traquer les renards pour freiner l'échinococcose alvéolaire. Or, cette maladie parasitaire est rare en France, localisée, soignable, et d'abord transmise par des chiens non vermifugés. De plus, l'histoire de la rage a montré que la chasse propage les épidémies.

Frimez en société

Les écoles vétérinaires ont longtemps été interdites par le clergé, car les avancées de la science ne devaient pas s'appliquer aux animaux. Elles ont été ouvertes au XVIIIe siècle grâce à Diderot et aux encyclopédistes, dans le but de soigner les zoonoses et les chevaux.

Vaches de vaccins

Le principe du vaccin était déjà connu en Chine sans doute bien avant le XVIe siècle et pratiqué contre la variole. Au XVIIIe siècle, le botaniste et voyageur Joseph de Jussieu soigna les Amérindiens de la variole également par inoculation. Méthode reprise par un médecin anglais, Edward Jenner, à partir des années 1770 en Angleterre. Il inocula à des malades la variole des vaches, la vaccine (le mot « vaccin » est issu du latin *vacca*, qui signifie « vache »). L'immunisation s'installait alors, prouvant l'efficacité du procédé. L'avantage du virus de la variole, c'est qu'il ne récidive pas : un malade qui s'en sort sera définitivement immunisé. D'où l'efficacité de cette vaccination, qui a conduit à l'éradication de la maladie.

Rendons à Galtier...

Ce n'est pas Louis Pasteur qui a eu l'idée du vaccin contre la rage, mais le vétérinaire Pierre Victor Galtier. Pasteur a pris connaissance de ses travaux. En 1885, il se rend célèbre en piquant un jeune berger mordu par un chien, mais aucune analyse probante n'a indiqué que l'animal était enragé ! Bien que Pasteur ait su se « médiatiser », son manque de rigueur, voire d'éthique, lui ont souvent été reprochés. Malgré tous leurs mérites, ses travaux avaient parfois une fâcheuse tendance à ne retenir que ce qui allait dans le sens de ses démonstrations.

C'est fou !

De nombreux vaccins sont critiqués à cause de leurs effets secondaires, mais également parce qu'ils contiennent de l'aluminium, substance dangereuse pour l'humain : l'aluminium est fortement soupçonné de jouer un rôle dans la maladie d'Alzheimer.

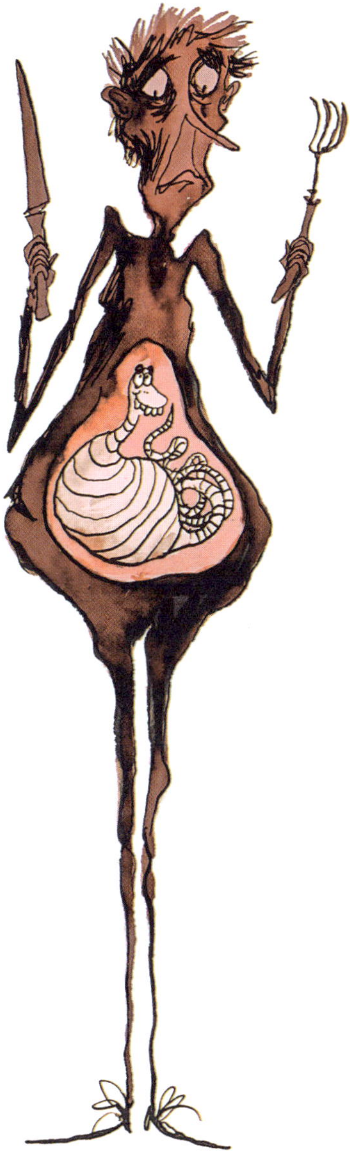

Ver amincissant

Le ver solitaire n'est pas toujours solitaire, et peut atteindre 10 m de long. Pour ingérer un ténia, il faut manger de la viande mal cuite. Deux espèces peuvent nous infecter, l'un a pour hôte intermédiaire le porc et l'autre, plus commun aujourd'hui, le bœuf. Ces vers étranges ont une minuscule tête à 4 ventouses, et sont composées d'anneaux dont les derniers sont détachables et se dispersent par l'anus de l'hôte. Comme les ténias détournent à leur profit la nourriture ingérée par leur victime, ils la font maigrir. D'où ce commerce d'œufs de parasites sur Internet pour perdre du poids sans effort. Glauque.

Info folle

Nos vers solitaires nous viendraient d'hyènes ou de félins africains dans un passé très lointain. Passage de relais : nous les avons refilés aux cochons.

Des

animaux
parasités

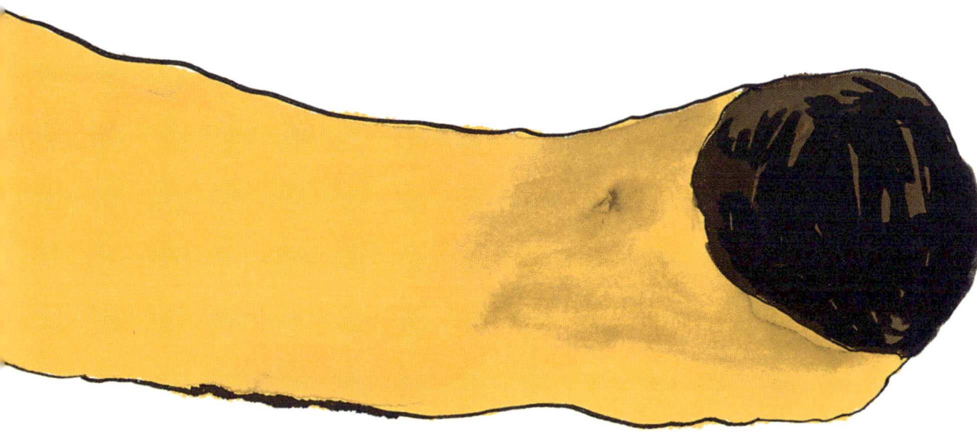

Profiteurs de tout poil

Beaucoup de parasites vivent à l'intérieur de leur victime, d'autres accrochés à ses basques, ou l'attendent dans son abri. Les terriers de marmottes sont habités par plusieurs espèces d'insectes qui ne vivent que là, et nulle part ailleurs ! Certains pique-assiettes profitent des rencontres de leurs hôtes : les mouches des cerfs se réunissent sur les places de brame. Les puces du lapin synchronisent leur reproduction à celle de leur véhicule. Lorsqu'elles sentent que la lapine est en rut, elles lui grimpent aux oreilles, se rassemblent et s'accouplent. Puis elles profitent de l'union des lapins pour sauter de l'un à l'autre et se disséminent.

Frimez en société

« Le monde pourrait être pire avec des puces plus grosses que des chiens. »

Jean Mistler (1897-1988), homme politique français

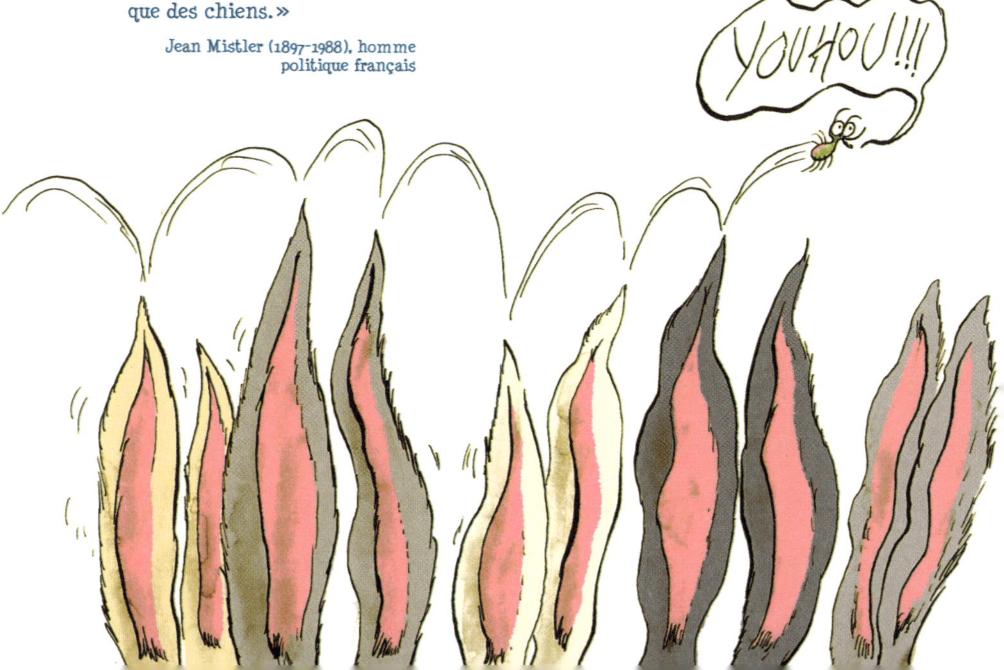

Ô taon, suspends ton vol

Due uniquement aux femelles, la piqûre des taons est douloureuse. Les plus gros attaquent le bétail, rarement les humains. D'autres mouches piquent, comme la tsé-tsé, insecte vecteur de la maladie du sommeil. Également suceuses de sang, les mouches plates sont très adaptées à la vie parasitaire. Celles qui harcèlent les chevaux ou les chameaux, les hippobosques, volent toute leur vie d'adulte. D'autres brisent leurs ailes lorsqu'elles ont trouvé un hôte ou en ont de très réduites (les *Ascodipteron* se débarrassent même de leurs pattes !). D'autres encore n'ont pas d'ailes du tout, comme les nyctéribies des chauves-souris ou le mélophage du mouton. Elles ont plus une allure de mini-crabe que de mouche.

Frimez en société

« La seule véritable bête de somme, c'est la mouche tsé-tsé. »

Pierre Dac

Plus de 2 500 espèces de puces différentes se nourrissent du sang des chats, des chiens, de leurs humains, des éléphants, des souris, des kangourous et de bien d'autres. La plus grande puce du monde, *Hystrichopsylla schefferi*, peut dépasser 1 cm de long et gratouille le castor de montagne, en Amérique du Nord. La plus petite est la puce-chique *Tunga penetrans* qui dépasse à peine 1 mm de long. La femelle peut atteindre la grosseur d'un petit poids au moment de la ponte. Plusieurs espèces peuvent passer d'une victime à une autre, comme celle du chien et de l'humain. En revanche, celles qui parasitent les oiseaux, les chauves-souris ou certains mammifères à sabots restent constamment sur le même hôte.

C'est fou !

Avec ses 5 000 à 8 000 piquants, le hérisson ne peut pas se gratter. Il est envahi de puces particulières, *Archaeopsylla erinacei* : on en a compté 1 100 sur le même animal. Celles-ci peuvent piquer les humains mais ne s'y installent pas. Essayez, vous verrez !

Frimez en société

« Kangourou, puce géante. »
Jules Renard, *Journal*

Marché aux puces

Adorables vampires

Info folle

Les vampires mordent plus facilement les humains aux pieds, aux mains ou aux oreilles, riches en vaisseaux capillaires.
Mais ils apprécient aussi les tonsures traditionnelles des Indiens Yanomani.

Ces chauves-souris sud-américaines de 35 cm d'envergure s'attaquent aux chevaux, poules, singes, otaries, humains, tapirs, guanacos, etc., qu'elles mordent discrètement pendant leur sommeil. Goulu, le vampire boit en un seul repas, d'une durée de 10 à 30 minutes, plus que son propre poids. Du coup, il a du mal à décoller. Trop gonflé, il fait souvent une sieste digestive, puis un petit pipi pour se délester, et hop, retour à la colonie. Hélas, l'animal ne survit pas à deux nuits consécutives sans nourriture. Une chauve-souris rentrée bredouille suit un rituel étonnant : elle lèche les lèvres d'une collègue, qui… l'embrasse sur la bouche, et lui régurgite une partie de son repas ! Cet altruisme permet la survie de chaque membre de la colonie.

Merveilleux acariens

Le minuscule acarien *Histiostoma laboratorium* s'accroche aux mouches du vinaigre. S'il en entend une arriver, il bondit de 5 cm pour l'attraper en plein vol. En proportion, un humain s'accrocherait à un avion après un saut de 500 m ! Sur une mouche de 1,85 mm, on a trouvé 18 acariens de 0,31 mm chacun, soit au total 14 % du volume de l'insecte transporteur ! Ça finit par faire lourd.

L'acarien *Parapygmephorus* se fait transporter par une abeille jusqu'à son nid, mais il n'est pas un parasite : il le nettoie et évite l'apparition de champignons.

L'acarien *Macrocheles rettenmeyeri* ne parasite qu'une espèce de fourmi légionnaire. Il gêne l'utilisation d'une griffe de l'insecte jusqu'à la remplacer par ses propres pattes arrière !

C'est fou !

Les acariens *Demodex*, dont certains nettoient notre peau, ont une digestion si extraordinairement efficace qu'il n'ont pas besoin d'anus. Ils ne rejettent que des gaz, et par l'avant. Chacun son style : l'acarien rote et le pou pête.

Le paresseux, un vrai ZOO

Le paresseux est si lent, et si peu porté à la toilette, qu'il abrite une incroyable quantité d'habitants divers : on a compté plus de 120 papillons et 1 000 coléoptères sur l'un d'eux. Mais aucune puce, car l'animal ne fait pas de nid qui abriterait leurs larves. Sa lenteur permet à des algues de pousser sur son poil, ce qui lui donne une couleur de camouflage. Des mites et des acariens s'en nourrissent, ainsi que de peau desquamée. Des papillons circulent dans son pelage avec une étonnante vivacité, car ils ont des ailes réduites. Certaines bestioles sont des profiteuses peu gênantes, d'autres sont de vrais parasites du paresseux, comme les tiques et les moustiques, qui eux-mêmes apportent leur cortège de virus. Mais ça ne l'affole pas.

C'est fou !

Les « poux » des abeilles sont en réalité de toutes petites mouches. Elles vivent sur le corps de l'abeille et lui prennent la nourriture de la bouche.

BIENVENUE
AU
ZOO
DES PARASITES

La mésange parfume son nid

Les oiseaux sont envahis de parasites divers, qui s'accrochent à eux ou sévissent dans leur nid. Contre la vermine, certains volatiles utilisent des produits insecticides ! Dans le Sud, les jolies petites mésanges bleues couronnent leur nid de végétaux odorants, telles la lavande ou la menthe. Ces plantes aromatiques ont des vertus insecticides, fongicides et désinfectantes. Ce sont les mêmes que celles utilisées dans les produits ménagers ! Les étourneaux disposent dans leur nid les feuilles vertes de plantes toxiques pour les poux, ennemi numéro un des oisillons. D'autres oiseaux traitent ainsi leur habitat, y compris des rapaces.

C'est fou !

Une girafe peut être affublée de 50 000 tiques. Une chance pour elle : le pique-bœuf est capable d'en détruire 7 000 en une journée.

Remède de cheval

Dans les prés, on estime que 80 % des parasites résident dans les cinq premiers centimètres de la végétation. Les animaux qui broutent le plus près du sol, les brebis et les chevaux, sont donc les plus susceptibles d'ingérer des vermines internes. Alterner différents herbivores dans un même pré contribue à casser le cycle de vie d'un parasite. Si celui-ci est spécialisé dans la vache, par exemple, il ne vivra son cycle entier que dans cet animal. S'il est ingéré par un cheval, il ne survivra donc pas, et sera éliminé. Deuxième bénéfice : sa présence aura stimulé les défenses immunitaires de son hôte.

C'est fou !

Contre les parasites, les mammifères se roulent dans la poussière ou la boue. Certains oiseaux prennent des bains de fourmis en se posant sur leur nid : pour le protéger, les insectes projettent de l'acide formique, dont les propriétés sont désinfectantes.

La
des

vie intime sans-gêne

Des coucous ? Niet !

Les petits oiseaux n'aiment pas les coucous. S'ils s'absentent, la femelle fond sur leur nid, enlève un œuf et pond le sien en 10 secondes. Celui-ci imite étonnamment ceux de l'hôte : bleu s'ils sont bleus, beige tacheté s'ils sont beige tacheté, etc. En fait, ce sont des lignées de femelles qui, avec le temps, se sont spécialisées dans le plagiat des œufs d'une espèce donnée. Quand des coucous parasitent une nouvelle espèce d'oiseau, celui-ci est encore peu méfiant, mais il élimine les œufs trop différents des siens, et devient plus vigilant. En quelque sorte, cet hôte sélectionne malgré lui les meilleures imitatrices ! De génération en génération, des lignées de coucous vont parvenir à des contrefaçons de plus en plus proches de l'original.

Info folle

Pendant la reproduction, la femelle coucou a le cerveau qui enfle ! Comme elle parasite une douzaine de nids différents dans la saison, elle doit parfaitement mémoriser leur emplacement au cours de ses patrouilles. Après la ponte, son cerveau dégonfle.

Les canes coucous

Différentes canes pondent dans d'autres nids que le leur, comme la nette rousse. Chez le milouin d'Amérique, il existe 3 sortes de femelles. Les premières élèvent leurs canetons. Les secondes sont partiellement parasites : elles pondent dans divers nids, puis font le leur et s'occupent de leur couvée. Les troisièmes déposent tous leurs œufs chez les autres. Ces différents degrés donnent une idée des mœurs intermédiaires qui ont conduit, au cours de l'évolution, vers le parasitisme « obligatoire ». La lauréate de ce festival de canes est l'hétéronette à tête noire, car aucune femelle ne couve ses œufs. Chacune les dépose dans des nids de différents canards, mais aussi d'ibis, de mouettes ou de rapaces !

C'est fou !

Sans être des parasites professionnelles, car elles savent élever leurs petits, certaines oiselles pondent parfois dans le nid de leurs consœurs, telles les femelles de moineaux domestiques, d'hirondelles rustiques, d'étourneaux sansonnets, de vanneaux huppés, de buses variables ou de flamants roses.

Habitant l'Afrique et les pays méditerranéens, le coucou geai pond dans le nid des corvidés, notamment les pies. Ces gros oiseaux apportent suffisamment de nourriture à leur nichée, et le jeune coucou geai n'a pas besoin d'éjecter ses voisins, contrairement au petit coucou gris. Une gentillesse toute relative, car ses parents ont un comportement mafieux. Après que le coucou geai a pondu un ou deux œufs dans le nid de ses victimes, il les surveille, car certaines sont tentées d'éliminer son (ou ses) rejeton(s). Si elles osent se révolter, elles subiront de violentes représailles. À tel point qu'elles comprennent la leçon, et élèveront docilement les petits parasites à venir, sous l'œil scrutateur des parents vengeurs.

C'est fou !

Le parasitisme de couvée existe chez 500 espèces d'oiseaux (coucou didric, géocoucou tacheté, vacher, etc.), mais aussi chez des insectes, des poissons ou des amphibiens.

L'oiseau mafieux

Les fourmis esclavagistes

Certaines fourmis enlèvent les larves et les nymphes d'autres espèces afin de renforcer leur colonie. Les victimes passeront leur vie à servir leurs ravisseuses. Les esclavagistes d'Amazonie déploient 3 000 soldates pour leurs razzias. Avec les « fourmis ninja » des États-Unis, pas d'expédition meurtrière : elles utilisent des techniques d'infiltration dignes des meilleurs espions. Quatre esclavagistes, maquillées par des camouflages chimiques, suffisent pour pénétrer chez les victimes et ramener furtivement de futures esclaves. D'autres espèces envahissent une fourmilière, tyrannisent les ouvrières jusqu'à ce qu'elles tuent la reine, puis installent la leur. Seule sa progéniture sera nourrie.

Le méloé ramollo

Dès leur éclosion, les larves de méloé grimpent sur des fleurs, attendent l'arrivée d'un insecte volant et lui sautent dessus. Beaucoup ne prendront pas le bon taxi et se perdront. Celles qui voyagent sur une abeille sauvage atterriront dans son terrier. Une fois à bon port, bébé méloé attend la ponte et se tient sur un œuf de l'abeille, qui dépose celui-ci sur le miel destiné à ses futures larves. Mais le méloé mangera l'œuf, puis se métamorphosera « à l'envers » : il va perdre ses pattes et ramollir, comme s'il retournait vers un stade larvaire moins avancé ! Totalement régressif, le ramollo va alors se goinfrer de miel, puis se métamorphoser à nouveau vers, enfin, un stade plus adulte.

Le moustique racketteur

Un moustique du genre *Harpagomyia* est capable de hold-ups envers d'autres insectes. Il se met sur le chemin d'une fourmi, et l'oblige à lui passer dessous. Puis il cogne sur sa tête avec les pattes et les antennes, jusqu'à ce qu'elle recrache une goutte de nourriture liquide, objet de la rançon.
En cas de désobéissance, la fourmi sera violemment retournée et battue jusqu'à ce qu'elle cède.

Déguisés dans le désert

Les larves de méloés des déserts américains se rassemblent par centaines sur une plante. Il se passe alors quelque chose d'extraordinaire : leur masse sombre prend la forme et la couleur d'une femelle d'abeille solitaire. De plus, les méloés émettent la même odeur ! Ce leurre sexuel fabriqué collectivement est super attractif pour le mâle qui, croyant s'accoupler avec une partenaire, va se faire assaillir par les parasites. Les larves s'accrochent à lui, et ne le quitteront qu'au cours d'un véritable accouplement. Profitant de l'union des abeilles, elles sauteront sur la femelle qui les emmènera dans son terrier. Elles s'y nourriront de ses provisions et de ses œufs.

C'est fou !

La femelle du papillon monarque utilise une parade inédite contre un protozoaire parasite de ses larves : elle pond sur une plante médicinale. Ce végétal, une asclépiade, est bourré de toxines néfastes à l'indésirable. C'est le premier cas connu de médecine transgénérationnelle chez un insecte : elle agit non pas sur celui-ci, mais sur sa progéniture !

Petits meurtres entre insectes

Des drames infimes et infâmes se nouent à nos pieds. Chez certaines espèces de guêpes, la femelle pique sa victime (chenille, sauterelle, charançon, etc.) sur des points nerveux particuliers, ce qui bloque ses mouvements. Puis elle transporte sa proie dans son terrier et pond dessus. Une fois écloses, les larves de la guêpe auront ainsi toujours de la chair fraîche à se mettre sous les mandibules. Elles dévoreront leur hôte vivant et n'attaqueront ses organes vitaux qu'en dernier. L'histoire ne dit pas si la victime est encore capable de ressentir quelque chose, mais les mœurs de ces guêpes impitoyables sont une des raisons qui ont conduit Darwin à ne plus croire en Dieu…

Alliés de l'agriculteur

Les insectes qui paralysent leurs proies les conduisent inévitablement à leur mort. Ils ne correspondent donc pas exactement à la notion de parasite, d'où leur nom bizarroïde de parasitoïdes. Les guêpes en sont les plus nombreuses (67 000 espèces dans le monde) avec les mouches (16 000). À chaque espèce correspond un genre de victime. Parmi celles qui s'attaquent à des ravageurs, certaines sont élevées afin d'être lâchées dans les cultures. Ainsi, de petites guêpes parasitoïdes éliminent les pyrales du maïs, des pucerons ou des mouches dévoreuses de fruits. De leur côté, les mouches tachinaires sont employées à réduire le nombre de chenilles. Ces auxiliaires agricoles travaillent gratuitement et sans polluer.

C'est fou !

Le ver trématode *Halipegus ovocaudatus* a une existence super compliquée. L'adulte vit sous la langue d'une grenouille. Sa larve est d'abord aquatique, puis change de forme et parasite un mollusque, change encore, infeste un crustacé, puis une libellule. Il faut que cette libellule se fasse attraper par une grenouille pour que le cycle soit complet.

Alliés du jardinier

Les jardiniers bio utilisent des nématodes vivants contre les ravageurs. Ces microscopiques vers ronds détruisent limaces, vers blancs, vers gris et autres bêtes noires du cultivateur. Une fois qu'un nématode s'est introduit dans un hôte, il crache ses bactéries internes, qui se multiplient et lui épandent des toxines en quantité telle que la victime meurt en quelques jours. Et le jardinier est content. Mieux (ou pire) : les bactéries de certains nématodes éjectent également des antibiotiques pour éloigner les autres bactéries et éviter la putréfaction de l'hôte ! Là, c'est le parasite qui est content, car il se régalera plus longtemps. Quand il y a des vers, les insectes trinquent.

Un ver, ça va,

Bien installé dans son insecte, chaque ver nématode dévore les tissus de son hôte et se reproduit avec ses voisins, qui se goinfrent et se reproduisent à leur tour jusqu'à l'épuisement des ressources. En tout, 3 générations peuvent prospérer dans la même dépouille, et 500 000 larves auront été produites par gramme d'insecte ! Ensuite, comme pour beaucoup de parasites, c'est la loi du hasard. Chaque larve sortira et pourra résister un an à l'air libre, mais seule une petite partie d'entre elles trouvera un hôte et survivra. En revanche, vu le nombre de nématodes introduits dans un jardin traité, les insectes ravageurs courent tous les risques de se voir joliment infestés.

C'est fou !

Les bécasses sont infestées par des millions de cestodes, des petits vers intestinaux. Or, les amateurs consomment ces oiseaux non vidés. C'est ça qui donne du goût . . .

500 000, c'est du tracas

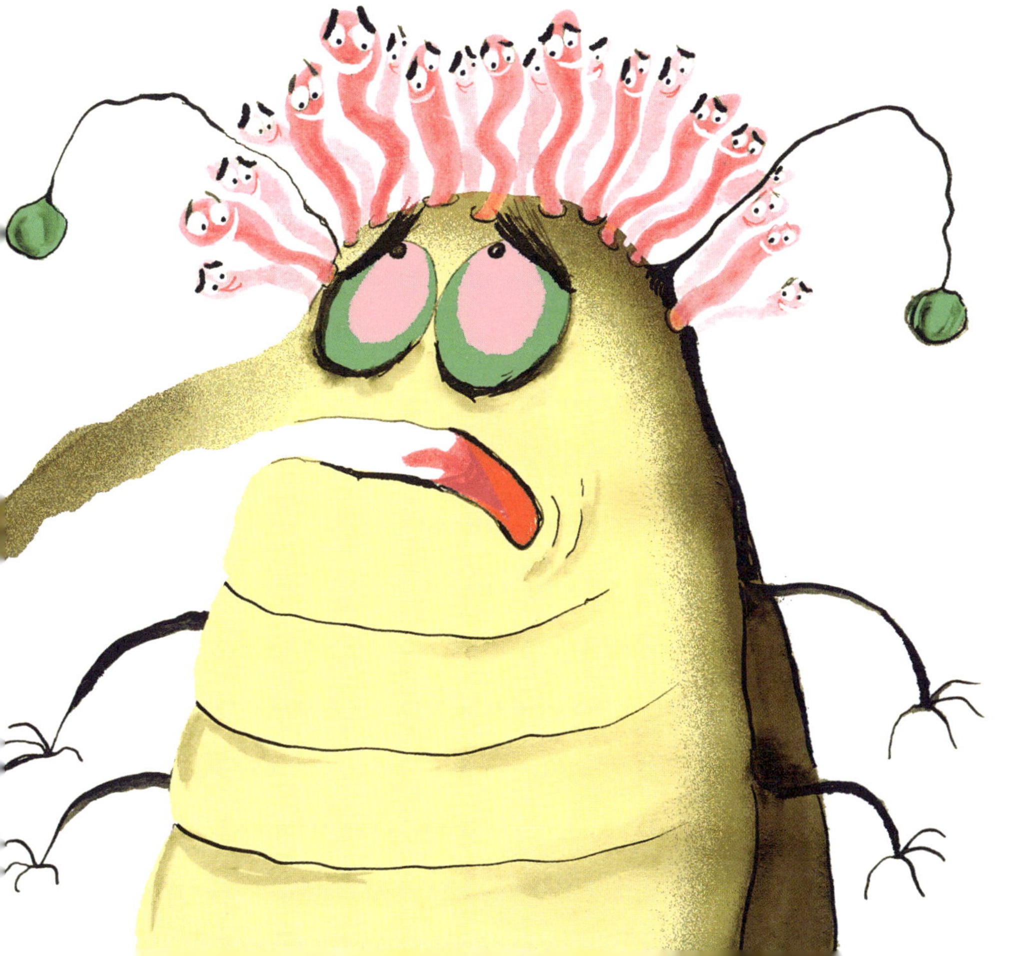

Rois de la manipulation

Dictateurs sans pitié, les parasites forcent leur hôte à agir à leur service. Les strepsiptères sont des insectes si petits qu'ils peuvent pénétrer dans d'autres (sauterelle, mante, abeille solitaire...). Une fois à l'intérieur, la larve de strepsiptère « ordonne » aux cellules de son hôte de se multiplier pour lui fabriquer un sac protecteur. Produit par la victime, le sac ne fera pas réagir ses défenses immunitaires. Le mâle strepsiptère vole, la femelle passe toute sa vie à l'intérieur de son hôte. De temps en temps, elle en sort la tête, comme on regarde par la fenêtre. Pour l'accouplement, elle ne présente que son derrière, puis rentre dans son abri vivant.

C'est fou !

Au Costa Rica, une guêpe pique une araignée et pond sur son abdomen. Sa larve lui bogue le cerveau et l'oblige à lui construire un cocon. L'araignée s'y loge et ne bouge plus, attendant d'être tuée et dévorée.

Le grillon pète les plombs

Dans le sud de la France, on peut voir des grillons des bois sauter dans un ruisseau, dans la gamelle du chien ou dans la piscine, et se noyer. Ils ont été parasités par un ver nématomorphe. Arrivé à l'état de larve, le ver grandit jusqu'à 15 cm de long et prend toute la place disponible. À ce stade, il doit rejoindre l'eau pour se reproduire. Il distille des substances neuroactives qui boguent le cerveau de son hôte et prennent les commandes (si le grillon est attrapé par une grenouille, le ver s'enfuie parfois par la bouche ou les narines). Sinon, il sort du grillon et rejoint d'autres vers adultes. Ils formeront des enchevêtrements inextricables dans l'eau et se reproduiront.

C'est fou !

On a trouvé, à l'intérieur d'un criquet de 3,5 cm de long, 8 vers nématomorphes qui, déroulés et mis bout à bout, atteignaient une longueur totale de 3,90 m !

Le rat kamikaze

Un ver trématode, la petite douve du foie, suit un cycle de vie complexe commençant par un escargot. Il nage dans sa bave, attire une fourmi qui le lèche, il change de forme et prend possession de son cerveau. Il la pousse à grimper sur un brin d'herbe et à y rester, hébétée, tête en bas, jusqu'à se faire croquer par un mouton. Si cela arrive, le ver rejoindra le foie de l'herbivore.
Le protozoaire responsable de la toxoplasmose, lui, doit terminer son cycle à l'intérieur d'un félin. Quand il infecte un rat, il pirate ses réseaux neuronaux, lui fait confondre l'odeur d'un prédateur avec celle d'un partenaire sexuel, et le pousse droit dans la gueule d'un chat ! Et là, paf le rat.

Info folle

Une crevette des eaux douces irlandaises est victime d'un parasite manipulateur particulier : celui-ci la rend cannibale !

Suicides en série

Certains vers cestodes du mouton doivent finir leur cycle dans les entrailles d'un carnivore. Ils lui boguent le cervelet pour provoquer une sorte de tournis. Et un mouton qui tourne en rond, c'est bien plus facile à attraper pour une meute de loups ou de chiens en liberté.
Afin de passer d'un hôte au suivant, les parasites détruisent en lui toute peur et toute prudence, changent son apparence et son comportement. Ainsi, un coquillage ne se fermera plus et deviendra une proie facile pour un oiseau marin ; une crevette ou un poisson de fond se mettra à nager en surface, bien visible pour le goéland, etc. À l'intérieur du prédateur, le parasite changera encore de forme et poursuivra son destin.

La bactérie sexiste

Les bactéries *Wolbachia* se permettent de changer le sexe de leurs victimes. Elles infestent quelque 60 % des insectes de la planète ! La bactérie vit dans le système reproducteur de son hôte. *Wolbachia* n'aime pas les gars : elle ne peut se développer que dans les œufs des femelles et se transmet de la mère à ses petits. Pour y parvenir, elle a plusieurs stratégies : tuer les mâles, stériliser des accouplements, ou transformer les garçons en filles capables de se reproduire. Ainsi, *Wolbachia* trucide les mâles d'un papillon de l'Ouganda, *Acraea encedon*, et ceux-ci deviennent rares. Elle féminise les cloportes mâles jusqu'à en faire des transsexuels, et change des populations entières de guêpes *Trichogramma* uniquement en femelles.

Reproduction interdite

Quand la bactérie *Wolbachia* contamine une population de moustiques, elle bloque certains accouplements à son profit. Les femelles contaminées transmettent leur infection à toute leur descendance. Mais la bactérie interdit aux femelles saines de se reproduire, et rend stériles leurs ébats. Elle modifie le sperme de façon que les mâles infectés ne puissent fertiliser que les femelles infectées. Sa dispersion s'en trouve facilitée. Cependant, la bactérie peut aussi se montrer utile. Elle rend des moustiques insensibles au virus de la dengue, du paludisme ou du chikungunya, protège les mouches drosophiles de différents virus, et se fait indispensable à la survie de certains vers nématodes.

Pique-assiettes aquatiques

La nounou est un transsexuel

Toute petite, la larve de sacculine s'introduit dans un crabe vert, généralement un mâle, puis jette une grande partie de son corps, pattes comprises ! L'alien se ramifie alors en « racines » tentaculaires qui pompent les substances nutritives de son hôte, boguent ses glandes sexuelles et le castrent. Féminisé, le crabe se fait draguer par ses ex-rivaux, les plaques de son ventre s'élargissent comme celles des mères portant leur ponte. La sacculine va sortir en partie et s'installer sur ce berceau comme un sac d'œufs. Le crabe transsexuel va la materner et la protéger comme une vraie nounou. Si la victime est une femelle, elle est stérilisée mais joue elle aussi les baby-sitters avec son parasite.

C'est fou !

La sacculine est un crustacé parasitant d'autres crustacés. Elle se fait parfois elle-même infester par un hyperparasite. Qui l'eût cru, celui-ci est encore un crustacé !

J'habite dans une copine

La sacculine ne se contente pas de castrer les crabes, elle est aussi une dominatrice pour les mâles de son espèce. Ces derniers sont minuscules par rapport à elle. Ils y entrent, puis vivent à l'intérieur, nourris et logés. Il n'y a que 2 places, pour 2 mâles réduits à l'état de réserves de sperme, sortes de testicules vivants.

Même phénomène dans les immenses abysses, où il faut exploiter les rencontres. Quand un petit mâle de baudroie trouve une femelle, il se scotche à elle par la bouche comme une ventouse. Puis il branche sa circulation sanguine sur la sienne, son tube digestif s'atrophie, et il se nourrit à ses dépens en bon parasite. Certaines femelles peuvent se retrouver ainsi affublées de plusieurs petits maris.

Frimez en société

Chez un ver parasite, le trématode *Schistosomum*, la femelle vit à l'intérieur du mâle, logée tout confort dans un repli ventral appelé canal gynécophore.

Un crustacé qui s'incruste

Lorsque l'on déguste des moules marinières, on trouve parfois une petite bestiole ronde de la taille d'un petit pois : le crabe petit pois. On croit que la bête est une proie de la moule, mais pas du tout : les mollusques ne se nourrissent qu'en filtrant l'eau. En fait, le petit crustacé se tape l'incruste. Il est arrivé là tout petit et n'en sort plus. Il coince la bulle, attendant que la nourriture lui arrive dans les mandibules. C'est plus un profiteur qu'un redoutable parasite, car il ne nuit pas à la santé de son hôte. N'empêche. En comparaison, un humain devrait supporter un corps étranger de 17 à 20 cm de diamètre !

Frimez en société

Pour se reproduire, le crabe petit pois est bien obligé de sortir de sa moule. Le mâle part à la rencontre d'une partenaire et la rejoint dans la sienne. On trouve donc parfois 2 crabes dans la même moule, ce qui a fait de ces crustacés des symboles de fidélité au Japon.

La bête aux 630 000 sexes

Avec ses 30 m de long et sa centaine de milliers de kilos, la baleine bleue en fait des tonnes. Certes, des testicules de 50 kg chacun, un pénis de plus de 3 m de long ou une vulve de 1,50 m sont des records du monde vivant, mais en proportions le mâle ne vaut même pas la puce, et ces grosses bêtes n'ont jamais qu'un sexe chacune. Pas de quoi la ramener si l'on considère leur ver solitaire, qui atteint allègrement les 40 m : il fait donc partie des plus longs animaux connus, et ça ne l'empêche pas de rester discret. Le ver est doté de plusieurs sexes par segment : entre 4 et 14 testicules et ovaires, car il est hermaphrodite. Et des segments, il en a 45 000 ! Ce qui peut donner le chiffre appréciable de 630 000 sexes à lui tout seul.

Pou de la baleine

Si les baleines font des bonds prodigieux, c'est peut-être pour se débarrasser de leurs parasites externes, lamproies, balanes ou poux. Le « pou » de la baleine est en fait un crustacé, une sorte de petit crabe piqueur. Le cyame – c'est son nom – mesure de 1 à 2 cm. Il existe quasiment une espèce de cyame pour chaque espèce de baleine. Chez le cachalot, les poux des femelles sont différents des poux des mâles. Sur les baleines noires s'accrochent 3 types de cyames suivant leur âge et leur santé. Comme les humains et leurs morpions, les baleines et leurs poux ont évolué ensemble, et l'on peut retracer les histoires des uns en remontant celles des autres.

Pou du phoque

Les phoques se déplaçant à la fois sur terre et dans l'eau, leurs parasites doivent pouvoir suivre le mouvement, et survivre à ces brusques changements de milieu. L'un de leurs poux, l'horrible *Echinophtirus horridus*, vit agrippé dans leur nez. Quand un phoque plonge, il garde les narines fermées, et ses poux restent au sec. La présence de ces insectes piqueurs provoque beaucoup de reniflements et de mouchages assez peu élégants chez ces gros mammifères. D'autres poux se réfugient dans leur toison. Ils sont munis de petites écailles qui retiennent l'air : elles leur permettent de continuer à respirer lorsque leur phoque batifole dans l'eau.

C'est fou !

Des crabes vivent en couple dans une poche sous la carapace de la tortue caouane et la débarrassent de ses parasites. Si elle plonge trop profondément, ils lui pincent l'anus, ce qui la fait remonter.

Pou de la vieille

Comme beaucoup de poissons, la vieille est souvent affublée de « poux » appelés anilocres, qui peuvent atteindre 4 cm de long. La tactique de ces tiques aquatiques est d'attaquer du tac au tac. En fait, les anilocres ne sont ni des tiques ni des poux, mais des crustacés accrocheurs. On les appelle également poux de la vieille car ils se servent souvent de ce poisson comme véhicule et garde-manger. Comme les « poux » des baleines, ce sont de piètres nageurs. Ils profitent du repos de leurs hôtes pour passer de l'un à l'autre et se propagent ainsi de taxi en taxi. Deux anilocres agrippés sur le même poisson communiquent entre eux et se reproduisent en utilisant le circuit sanguin de leur victime !

Il donne sa langue

Faites comme les poux, accrochez-vous : l'histoire est trash. Dans le golfe de Californie vit un immonde parasite, *Cymothoa exigua*, un crustacé proche des cloportes. Son hôte est un poisson, le vivaneau rose. *Cymothoa* lui entre dans la gueule tout petit et, peu à peu, il lui dévore la langue, qui s'atrophie. Fixé dans le palais, le parasite finit par remplacer la langue morte, dont il a la taille et la forme. Il mime l'organe au point de permettre au poisson de se nourrir, d'ingurgiter et déglutir, comme une prothèse vivante ! Le pique-assiette s'alimente lui-même, au passage, du sang de son hôte et parfois de ses restes.

Mon œil !

Les requins ne s'ébattent pas uniquement dans les mers tropicales. Une espèce pouvant dépasser 6 m de long, le laimargue du Groenland, se plaît dans les eaux glacées. Il est attaqué par le parasite *Ommatokoita elongata*, encore un crustacé, qui s'en prend à l'un de ses yeux. La bête s'accroche à la cornée du requin des glaces et n'en démord plus. Elle peut évidemment le rendre aveugle, mais le gros poisson évolue dans des eaux obscures et n'en semble pas perturbé. Détail curieux : son parasite est pourvu d'organes luminescents, ce qui pourrait attirer des proies vers sa gueule.

C'est fou !

D'après les Inuits, la chair du requin du Groenland est toxique quand elle est mal nettoyée : elle provoque alors des effets comparables à ceux de l'alcool.

Le requin parasite

Avec ses 40 cm de long, le squalelet féroce est un requin rikiki. Ses dents très coupantes sont entourées d'une bouche proéminente. Pour se nourrir, il embrasse une proie de grande taille, fait un appel d'air avec sa langue pour mieux adhérer et se fixe comme une ventouse avec ses lèvres. Puis il lui arrache un morceau de viande bien saignante et laisse une cicatrice toute ronde. Le squalelet féroce s'attaque aux autres requins, aux thons, aux espadons, aux phoques, aux dauphins, aux baleines et… au caoutchouc des sonars des sous-marins. On le rencontre dans les mers tropicales et tempérées, y compris en Méditerranée.

C'est mal barré !

La lamproie est un poisson sans mâchoire, mais sa gueule ronde est ornée de dents. Elle vit scotchée aux poissons, dont elle suce le sang comme une sangsue géante. Migratrice, elle se raréfie à cause des barrages.

Un squatter dans l'anus

L'aurin mérite bien son surnom de poisson thermomètre : ce sans-gêne passe une partie de sa vie dans l'anus du concombre de mer, ou holothurie, un animal peu attirant en forme de boudin. Il y entre en marche arrière, puis laisse dépasser uniquement la tête, bien à l'abri des prédateurs. Il est fin comme un tube digestif, son cloaque et ses organes génitaux sont situés derrière les opercules, près de la bouche, ce qui lui permet de vivre sans sortir. L'aurin ne s'extrait de son concombre que la nuit pour aller se nourrir. On a trouvé jusqu'à 7 poissons thermomètres dans la même holothurie. C'est la tuerie !

Une moule pour berceau

Dans nos lacs et cours d'eau lents s'ébattent des poissons aux drôles de mœurs : les bouvières. Elles ne sont sexuellement stimulées qu'en présence de moules d'eau douce, devant lesquelles elles paradent. La bouvière mâle choisit la femelle qui a le plus long tube de ponte, environ 6 cm, soit la longueur de son corps. Celle-ci pond dans une moule, puis le mâle asperge le mollusque de sa semence, et ainsi de suite avec plusieurs hôtes. Les larves se développeront à l'abri de la coquille. Les larves de la moule se comportent elles aussi en parasites : une fois expulsées, elles s'accrochent aux branchies des poissons et leur sucent le sang! Une sorte de renvoi d'ascenseur.

C'est fou !

Déjà connue des Romains pour ses décharges électriques, la raie-torpille marbrée peut envoyer des châtaignes de plus de 45 V. Cela ne décourage pas un parasite, la sangsue des raies, de s'attacher à elle. Coup de foudre ?

Les plantes vam

pires

La cuscute discute

Véritable vampire végétal, la cuscute s'enroule comme un serpent autour d'une plante, elle y enfonce ses dizaines de suçoirs et pompe ses substances nutritives. Enlacée à son hôte, elle communique chimiquement avec lui, et entreprend même des échanges génétiques ! Ce qui ne l'empêche pas de le vider de ses nutriments jusqu'à le tuer. La cuscute peut vampiriser plusieurs plantes à la fois. Sur les quelque 150 espèces répertoriées dans le monde, il existe plusieurs cuscutes en Europe. Certaines parasitent les orties, mais aussi la luzerne et des plantes cultivées.

C'est fou !

Lorsqu'elle pousse, la jeune cuscute « sent » les composés volatils dans l'air et se dirige, à son rythme de plante, vers le support végétal qu'elle a repéré. Si elle ne tombe pas sur un hôte qui lui convient, elle peut faire demi-tour.

Le gui, plante magique

C'est gui ?

Chez le gui, les sexes sont séparés. Au printemps, les plants femelles portent des petites fleurs très compliquées. Celles des plants mâles se reconnaissent à leurs 4 tépales formant une croix.

Original, le gui est capable de pousser la tête en bas. Ça n'est pas entièrement un parasite. Certes, il suce la sève des arbres, de façon si vorace qu'il peut même vampiriser des collègues de sa propre espèce. Mais il n'est pas totalement dépendant de son hôte, car il réalise sa propre photosynthèse, y compris en hiver, contrairement aux peupliers ou aux pommiers, qui perdent leurs feuilles à la saison froide. Il peut aussi se révéler utile. Par exemple, un genévrier envahi de gui attire trois fois plus d'oiseaux qu'un autre non infesté. Les volatiles sont attirés par les baies du semi-parasite, mais consomment et dispersent également les graines du genévrier.

Des lianes dans le jardin

Dans les forêts tropicales, les lianes peuvent envahir un arbre par centaines, ou servir aux déplacements urgents de Tarzan quand Jane pousse des cris d'alarme. Elles ont besoin de support pour atteindre la lumière, mais ne sont pas forcément des parasites. Il en existe plusieurs espèces en Europe : lierre grimpant, glycine, clématite, salsepareille, vigne, houblon, etc. Le lierre ne nuit pas aux arbres qu'il recouvre. Il puise sa nourriture uniquement dans le sol, ses crampons ne servant qu'à s'accrocher. Il n'aurait donc rien à faire dans ce livre sur les parasites, mais il est souvent considéré comme tel, et nous lui devons la vérité.

C'est fou !

Non seulement le lierre grimpant n'est pas un parasite, mais il peut lui-même être parasité par une plante, l'orobanche du lierre, qui lui pompe les substances nutritives.

Le câlin du figuier étrangleur

Frimez en société

Malgré leur nom, les végétaux saprophytes ne profitent de personne : ils se nourrissent juste de déchets organiques. Quant aux épiphytes, elles prennent d'autres plantes pour support, comme le font le lierre grimpant et le figuier étrangleur, mais se nourrissent par elles-mêmes, contrairement aux parasites.

Le figuier étrangleur n'est pas un pique-assiette, car il se nourrit lui-même. Toutefois, le développement de cet arbre particulier est tel que cet ingrat peut finir par tuer son support. Ses racines entrelacées l'empêchent de se développer jusqu'à l'étouffer au cours du temps, comme autant de boas constricteurs. L'arbre support ne le supporte pas. Il dépérit et disparaît, laissant place aux « tentacules » du figuier désormais énormes, solides et tenant tout seuls. Le figuier est devenu un énorme tube creux enserrant un vide : celui-ci a gardé la forme fantôme du support disparu.

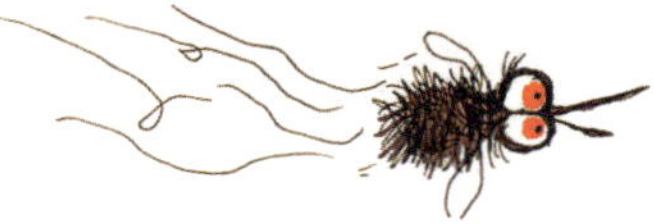

La grosse fleur qui pue

Incapables de se nourrir elles-mêmes, de nombreuses plantes parasitent d'autres végétaux pour leur piquer leur chlorophylle et leurs éléments nutritifs, comme le font les orobanches. La plus grosse fleur du monde, la rafflésie des forêts asiatiques, est un parasite. Elle ne comporte ni tige, ni feuille, ni racine. Juste une grosse fleur de 1 m de diamètre pouvant peser 10 kg. La rafflésie vit à l'intérieur de son hôte et ne devient visible qu'au moment de la floraison. Visible, et aussi repérable de loin : la grosse fleur produit une odeur de viande pourrie, irrésistible pour les mouches qui viennent la féconder.

Frimez en société

La rafflésie géante a été découverte en 1818 dans une forêt d'Indonésie par le botaniste Joseph Arnold. Son chef d'expédition, Thomas Stamford Raffles, ne lui a pas entièrement raflé son nom, car elle a été scientifiquement baptisée *Rafflesia arnoldii*.

La fourmi zombie

Les champignons ne sont ni des végétaux ni des animaux. Certains attrapent des vers nématodes au lasso (avec de petits tentacules souterrains), d'autres manipulent les fourmis. Au Brésil, un champignon parasite envahit le cerveau d'une fourmi charpentière, qui vit en haut des arbres, et l'oblige à descendre. La fourmi zombie prend alors un comportement mécanique, mord une feuille, et s'effondre. Une fois sa victime morte, le champignon s'extirpe sous forme de filaments qui entourent sa dépouille. Un long pédoncule sort de la tête de l'insecte et dissémine ses spores. Pour éviter les attaques du parasite, les fourmis chassent toute congénère à la démarche de zombie et l'éjectent loin de la colonie.

Le champignon tricheur

Un champignon parasite transforme certaines feuilles d'une plante, l'arobette de Californie, en fleurs jaunes : ces floraisons factices attirent des insectes qui viennent les butiner ! Au passage, les bestioles s'imprègnent des cellules sexuelles du parasite. Puis elles s'envolent vers d'autres fleurs. Si ce sont des leurres dus à un autre champignon, les insectes le féconderont et lui permettront de prospérer.
Les chenilles de pyrales appelées « vers de la canneberge » changent également l'apparence de leur hôte : elles le font rougir. Cela évite des conflits avec des concurrentes, car ces chenilles évitent les teintes rouges.

C'est fou !

Des champignons parasites prolifèrent sur les insectes en détruisant leurs défenses immunitaires. La toxine produite par l'un d'eux se révèle très utile dans les greffes d'organes, pour éviter les rejets. D'autres sont utilisés comme insecticides.

Quand les choux parlent aux guêpes

La chenille de la piéride du chou a bon appétit. Mais une enzyme présente dans sa salive provoque chez le chou une réaction chimique : il diffuse un cocktail gazeux qui attire une guêpe parasitoïde. Celle-ci pond dans la chenille, et ses larves la détruisent. Un tel échange de messages entre plantes et animaux est assez fréquent. Les plants de haricots ou de concombres envoient des signaux subtils. Lorsqu'ils sont attaqués par un acarien herbivore, ils émettent des alertes chimiques pour attirer un acarien carnivore. Ces messages sont différents selon l'espèce de l'herbivore, et même selon son stade de développement.

C'est fou !

Le blé est capable de tuer certains parasites ! S'il est attaqué, il produit une protéine à l'endroit grignoté. Cette protéine empêche les parasites de digérer. Et couic.

La rose avait des galles

Sur les rosiers sauvages, on observe fréquemment de drôles de boules chevelues. Ces excroissances sont dues à la piqûre d'une minuscule guêpe, le cynips des galles du rosier. L'insecte injecte dans l'églantier une substance proche des hormones de croissance du végétal. En réaction, la plante produit cette boule appelée galle, dans laquelle prospère la larve du cynips. Plusieurs parasites peuvent partager la même galle, mais aussi subir leurs propres parasites, qui sont d'autres espèces de guêpes : on n'est à l'abri nulle part ! Les galles sont très communes sur de nombreux végétaux, notamment sur le chêne : on en trouve des bien rondes, d'autres en forme de pommes de pin, etc.

C'est fou !

Les « vers » de la canneberge sont en fait des chenilles de papillon pyrale. Elles ont pour particularité de faire rougir les baies de leur plante hôte, ce qui sert de signal répulsif à leurs collègues : elles évitent ainsi les conflits avec des concurrentes !

Un bel avenir

Dans la peau des stars

L'un des parasites les plus effrayants du monde s'appelle *Clostridium botulinium*. Cette bactérie fabrique la foudroyante toxine botulinique, dont 2 kilos suffiraient à faire disparaître l'espèce humaine. 40 millions de fois plus dangereuse que le cyanure, elle provoque une paralysie et l'arrêt de la respiration. Paradoxalement, ce poison violent est utilisé en médecine esthétique, mais sous son petit nom : le botox.
Le relâchement musculaire est provoqué par la toxine, utilisée à microdose et injectée précisément dans les parties du visage sujettes aux rides, dont elle stoppe temporairement l'évolution. Avec pour effet un rajeunissement apparent de la peau, et pour inconvénient une certaine raideur dans les expressions faciales. Voilà pourquoi, sur les écrans de cinéma ou dans les quartiers riches, on voit tant de personnes d'un certain âge avoir du mal à sourire.

Arrêtez de vous (mal)traiter

Contre les parasites, des insecticides comme le DDT ou le lindane ont été abandonnés à cause de leur nocivité. Ceux qui restent sur le marché sont loin d'être tous inoffensifs, il faut les manier avec précaution. Au niveau familial, l'ANSES (Agence nationale de sécurité sanitaire) conseille par exemple de ne pas utiliser d'insecticides vétérinaires pour éliminer nos poux.
Au mépris de toute prudence, des vétos en ont aspergé leurs propres enfants ! Pourtant, un produit fait pour tuer a forcément des effets secondaires, tant sur les humains que sur les animaux.
À long terme, les molécules chimiques peuvent se révéler bien plus dangereuses pour la santé que les parasites qu'elles éliminent.

Frimez en société

« En cherchant les poux sur autrui, tu ne vois pas les tiques sur toi-même. »

Pétrone, écrivain romain du Ier siècle

La déforestation ? Les parasites adorent !

Apparue en 1485 en Angleterre, une mystérieuse maladie, la suette, a provoqué 20 000 morts et s'est éteinte. Elle suivait la progression des déboisements, et se dispersait avec les bûcherons. Dans les années 1990 en Asie, des virus émergeants (Hendra, Nipah…) étaient aussi dus à la déforestation, qui déstabilise des animaux sauvages comme les chauves-souris, et les met en contact avec les animaux domestiques et les humains. La déforestation pour l'huile de palme vient de libérer un nouveau paludisme en Malaisie, *Plasmodium knowlesi*, par l'intermédiaire des singes. De même en Afrique avec le virus du VIH, certainement favorisé par la recherche de viande de brousse. Ebola a lui aussi pour origine la faune sauvage.

Frimez en société

« L'équilibre écologique ne se laisse pas impunément déplacer au profit de l'homme : toute surpopulation humaine prépare le terrain à une augmentation des parasites et de leurs vecteurs. »

J. et H. Haupt,
Guide des mouches et des moustiques

Humains contre microbes

C'est fou !

Les antibiotiques, c'est pas automatique ? Pourtant, dans les élevages industriels, des millions d'animaux sont systématiquement traités « à titre préventif », alors qu'ils ne sont pas malades ! Ces pratiques contribuent à l'apparition de bactéries résistantes aux antibiotiques, menaçantes pour la santé humaine.

Les microbes et les insectes qui survivent aux pesticides se reproduisent et transmettent leur résistance à leur descendance, engendrant des populations de plus en plus insensibles aux traitements chimiques. En 1995 à Madagascar, 2 souches du bacille de la peste se sont révélées insensibles aux antibiotiques courants. Régulièrement, des bactéries pathogènes résistant à tous les antibiotiques connus voient le jour. Un tiers de l'humanité est actuellement infecté par le choléra sans forcément le développer, et bien d'autres maux sont toujours présents, potentiellement susceptibles de se répandre rapidement dans le monde entier.

Ultra-petits, ultra-rapides

Entre un parasite infestant et son hôte, c'est une guerre où chacun affine ses armes, avec un énorme avantage pour le minuscule : il change vite. Une bactérie se reproduit toutes les 30 minutes, un humain tous les 30 ans. Une vie humaine représente 1 500 000 générations de bactéries. Chacune peut donc voir apparaître bien plus rapidement des mutations efficaces pour riposter à celles de l'hôte infesté, et l'empêcher de se débarrasser d'elles. Certains virus, comme ceux de la grippe, déjouent les défenses immunitaires de leur hôte tant ils changent rapidement d'identité. Cependant, « l'intérêt » du parasite ne peut pas être d'éliminer définitivement l'hôte qui lui permet de vivre.

C'est fou !

On a découvert 3 nouvelles espèces de moustiques communs dans le métro londonien. Enfermées là depuis un bon siècle, leurs populations ont évolué si rapidement et si différemment des moustiques de l'extérieur qu'elles ne se reconnaissent plus comme étant de la même espèce. Unique au monde, chacune ne vit que dans une ligne de métro spécifique.

Le coup du lapin

En 1859, un chasseur lâche 12 couples de lapins en Australie afin de pouvoir s'adonner à sa passion. Catastrophe : les bêtes se reproduisent… comme des lapins, et envahissent le territoire de 100 km chaque année! Dix ans plus tard, on en tue 2 millions par an. Rien n'empêche leur progression. Rien, sinon l'introduction du virus de la myxomatose vers 1950. En 3 ans, 99,8 % des animaux sont éliminés. Mais ceux qui résistent se reproduisent très rapidement, à la mode lapin, et recolonisent l'Australie. À chaque vague de myxomatose, le pourcentage d'animaux tués diminue. Des tests montrent qu'il s'est produit une résistance des lapins, mais aussi une baisse de la virulence de la maladie. Au cours de cette coévolution, le virus s'est donc « calmé », et a ménagé son hôte.

Frimez en société

Aujourd'hui, les activités humaines impactent la planète entière, depuis l'atmosphère jusqu'aux couches géologiques. Comme un hôte infecté, la nature réagit à cet impact : le climat se dérègle, les ouragans se multiplient, les océans montent. Nous sommes entrés dans une nouvelle ère appelée par certains l'Anthropocène, et par d'autres le Poubellien.

Puces et virus informatiques

C'est fou !

Il y a de la vie sur la Lune ! Amenés par les engins spatiaux, différents organismes super résistants ont survécu au voyage et se trouvent désormais sur notre satellite naturel.

Si les puces informatiques n'ont pas de rapport avec l'insecte parasite, sinon leur petite taille, les virus informatiques en montrent avec leurs homonymes naturels. Ils se répliquent à partir d'un hôte, et se propagent rapidement dans ses échanges de données. S'ils prennent possession d'un ordinateur, ils envoient des copies d'eux-mêmes à toutes les adresses, puis de messagerie en messagerie, ce sont des milliers et des milliers d'hôtes, voire tous les continents contaminés en quelques heures. Les virus passent également par Internet et infectent les surfeurs. Notre propre technologie pourrait provoquer de grosses, grosses bêtises planétaires par le biais du piratage de données sensibles, comme celles de l'armée. Notre meilleur ennemi, c'est nous-mêmes.

Happy end

Les humains se développent sur la Terre comme une moisissure à la surface d'une orange. Maintenant qu'ils ont quasiment tout exploité, ça les démange d'aller contaminer d'autres planètes, mais les microbes sont là. Dans le duel entre Merlin l'Enchanteur et la sorcière Mim (Walt Disney, 1963), Madame Mim croyait gagner en se transformant en dragon. Mais Merlin le malin se mue en virus de la grippe et la terrasse. De même, c'est le microscopique qui pourrait freiner l'expansion humaine, voire l'anéantir, et éviter la destruction finale des écosystèmes terrestres. Et ça, ça nous rassure, non ?

Frimez en société

« On peut espérer que lorsqu'ils seront les maîtres du monde, les insectes se souviendront avec reconnaissance que nous les avons bien nourris. »

Colette

Photogravure : IGS Photogravure
Achevé d'imprimer en décembre 2015
Dépôt légal : janvier 2016
Imprimé en France par Pollina, à Luçon, L74230
ISBN : 978-2-603-02214-6

IMPRIM'VERT®